新娘物语

美妆与发型设计
专业教程

徐萍 编著

人民邮电出版社

北京

图书在版编目（CIP）数据

新娘物语：美妆与发型设计专业教程 / 徐萍编著
. -- 北京 : 人民邮电出版社，2020.8
ISBN 978-7-115-54022-5

Ⅰ．①新… Ⅱ．①徐… Ⅲ．①女性－化妆－造型设计
－教材②女性－发型－造型设计－教材 Ⅳ．①TS974.1
②TS974.21

中国版本图书馆CIP数据核字(2020)第083362号

内 容 提 要

本书由从事彩妆造型行业数十年的化妆造型师编写。作者将自己的化妆造型经验毫无保留地分享给读者，希望读者跟着案例练习后能举一反三，总结出自己的化妆造型技巧并运用到工作中，打造出美丽动人的新娘形象。

本书共收录了 10 个化妆教程、27 个新娘发型教程和 10 个化妆与造型相结合的教程。本书图片精美，观赏性强，同时步骤文字翔实，非常适合零基础或者基础薄弱的读者学习。此外，为了适应当下的潮流和审美趋势，本书还加入了个性暗黑系新娘妆容与造型案例，希望能给读者提供更多的创作灵感。

本书适合发型师、新娘造型师和美容美发学校的师生等阅读和使用。

◆ 编　著　徐　萍
　　责任编辑　张玉兰
　　责任印制　马振武

◆ 人民邮电出版社出版发行　　北京市丰台区成寿寺路 11 号
　邮编　100164　电子邮件　315@ptpress.com.cn
　网址　https://www.ptpress.com.cn
　北京盛通印刷股份有限公司印刷

◆ 开本：889×1194　1/16
　印张：13
　字数：429 千字　　　　　　　2020 年 8 月第 1 版
　印数：1 – 2 000 册　　　　　2020 年 8 月北京第 1 次印刷

定价：108.00 元

读者服务热线：**(010)81055410**　印装质量热线：**(010)81055316**
反盗版热线：**(010)81055315**
广告经营许可证：京东市监广登字 20170147 号

前言

2012 年 3 月，我创建自己的化妆造型工作室不久，还需要积累更多的经验并不断地进行学习。一次偶然的机会，我收到了人民邮电出版社的写稿邀约，我的内心是十分激动的。但是仔细考虑后，我觉得自己还没有足够的勇气去完成一本化妆造型教程类图书的编写，所以我只能承诺一定会出书，但现在还不是时候。转眼几年过去了，我一直在不断努力、不断摸索，一直未忘出书的承诺。2016 年，我答应与出版社合作，这一次，忐忑与不确定已烟消云散。

我认为审美是一门艺术，我们应该赋予每一幅作品更加细腻的灵魂，而这需要不断地对作品进行打磨，使之能经得住时间的考验，最终成为经典之作。

本书的主角是新娘，每一位新娘都有自己独特的气质，性感、优雅、时尚、神秘、复古、情怀、自由、生命、想象这 9 个关键词代表了 9 种设计方向。本书分为 11 章，第 1 章介绍了 5 种风格的妆容画法，其余 10 章均从关键词、造型特点、创作灵感、造型重点开始讲解，之后进行详细的造型步骤解析，阐述完整的新娘造型过程，打造出独一无二的新娘形象。

时代在不断发展，女性的妆容造型也会随着时尚潮流而变化，我必须不断地学习，不断地创新，才能越走越远，越走越稳，为爱美的大众打造出更适合他们的妆容造型。我坚信，本书能为读者提供一些创作灵感，培养他们的创新思维，提升他们钻研美学的兴趣，激励读者追求更高品质的妆容造型。

目录

优雅复古短发新娘造型
67

Lob 短发新娘造型
71

端庄中短发新娘造型
74

森系中短发新娘造型
77

时尚空间想象新娘造型
80

马尾绑带新娘妆容与造型
83

夸张羽毛新娘造型
89

立体翻转新娘造型
92

内翻低蝴蝶结新娘造型
95

轻羽点缀新娘造型
98

线条极简感新娘造型
100

复古中国风新娘妆容与造型
103

不规则曲线怀旧新娘造型
109

鲜花新娘造型
110

单色鲜花新娘妆容
112

单色鲜花新娘造型
115

多种鲜花组合新娘造型
117

植物点缀新娘造型
120

时尚新娘造型
122

唯美时尚新娘妆容与造型
125

本书涉及的化妆品如下。

01

5 种风格妆容画法

清新裸妆

妆面特点

日韩系零妆感的妆面要保持干净、通透，眉形、睫毛和腮红都要自然，不宜显得过于刻意。

化妆品

水乳精华、面膜、液体高光、眼影、睫毛膏、眉笔、染眉膏、腮红、润唇膏和口红。

01 清洁皮肤，用水将面扑或纸巾打湿，轻轻擦拭面部。在化妆前可以给模特涂上补水的水乳精华，在不赶时间的情况下，甚至可以敷一片面膜。在额头、太阳穴、鼻梁、笑肌及下巴处涂抹液体高光。

02 用眼影刷轻轻蘸取 Elegance 丝缎镜面 02 号色眼影，从睫毛根部开始由下向上以平涂的方式涂抹整个眼窝。然后用同样的眼影在下眼睑处从外眼角向内涂抹至 2/3 处。

03 用睫毛夹分段将睫毛夹翘，让睫毛保持自然上翘的状态，要确保眼角和眼尾的睫毛都夹到位。使用 MAKE UP FOR EVER 黑色睫毛膏少量多次呈 Z 字形轻刷上睫毛，使睫毛根根分明，保持自然卷翘的状态。然后用少量睫毛膏同样少量多次地涂抹下睫毛。

04 用植村秀 02 号灰棕色眉笔沿眉毛的生长方向描画，眉头在内眼角的正上方，颜色不宜过深，自然即可。可根据模特的脸形和造型的需求确定眉形，眉尾要干净、自然。眉毛画完后，用比发色浅一号的染眉膏顺着眉毛的生长方向渲染眉毛。

05 用腮红刷蘸取少量香奈儿西柚色腮红，在颧骨上方轻拍，使腮红晕染开。为了确保腮红过渡自然，可将腮红刷在脸颊处斜向轻扫晕染。

06 先涂抹润唇膏，让唇部保持滋润的状态。之后用唇刷蘸取适量兰蔻口红，均匀地涂抹唇部，注意要保持唇部边缘线干净，颜色均匀。

高冷红唇妆

妆面特点

与裸妆底妆不同的是，高冷妆强调面部的线条感，主打冷淡风。

化妆品

润唇膏、粉底霜、明彩笔、眉笔、眼影、睫毛膏、唇釉和侧影腮红。

01 用 RMK 粉底霜打底，注意颈部和脸部的肤色差，不能变成"大白脸"，在脸部和颈部的交界处用粉底霜过渡。若新娘的肤色较深，可以在裸露的肩颈处涂抹少许粉底霜。

02 用 YSL 明彩笔给面部遮瑕，在脸部有红血丝、斑点处及肌肤纹理较深的地方涂抹。

03 用植村秀 02 号灰棕色眉笔沿眉毛的生长方向描画。眉头稍淡，眉尾要干净、自然。

04 选取 TF 大地色眼影，从睫毛根部由下向上以平涂的方式涂抹整个眼窝。然后在下眼睑处从外眼角向内涂抹至 2/3 处。

05 用黑色睫毛膏呈 Z 字形少量多次地轻刷上睫毛，然后刷下睫毛。

06 用唇刷蘸取阿玛尼 402 号唇釉，均匀地涂抹唇部，保持唇部边缘线干净。

07 用侧影刷蘸取些许 NARS 侧影腮红，在颧骨的下缘由内向外晕染均匀。

俏皮少女妆

妆面特点

少女妆的特点之一在于眼部修饰，睫毛又长又浓密，此外还有立体的眉形、丰润的嘴唇，以及桃粉的腮红。

化妆品

粉底液、散粉、眼影、假睫毛、眼线笔、腮红和唇釉 。

01 选择合适的粉底液,用手指分散涂抹在脸上。用粉底刷由下往上将粉底液涂抹开,注意要涂抹均匀。

02 用散粉刷蘸取少许散粉,在脸颊及T区容易出油的地方轻轻按压。

03 用眼影刷蘸取眼影,由下向上以平涂的方式涂抹整个眼窝。眼影不宜一次取太多,涂抹要均匀,过渡要自然。

04 用眼影刷涂抹下眼睑,再将眼影自然晕染开。

05 用睫毛夹夹翘睫毛。然后将假睫毛分段剪开,沿着眼部的弧度粘贴在上睫毛的根部。接着从外眼角向内眼角粘贴假下睫毛,注意间距,不要使睫毛显得太浓密。

06 用黑色眼线笔从内眼角到外眼角沿睫毛根部描画出流畅的眼线,要填满睫毛之间的空隙。

07 用腮红刷蘸取少量腮红,在颧骨上缘少量多次地轻拍,再轻扫晕染,让腮红自然过渡。

08 选用香奈儿亮彩橘色唇釉,均匀地涂抹唇部,注意要保持唇部边缘线干净。

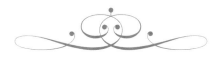

烟熏妆

妆面特点

挑选烟熏妆作为新娘妆的时候，会用一些稍浅的颜色，如金咖色、棕榈色。

化妆品

粉底液、眼影、眼线膏、遮瑕膏、散粉、眉笔、染眉膏、侧影粉、腮红和唇釉。

—— 妆容步骤分解 ——

01 完成妆前护理，取少量粉底液，均匀地涂抹在眼部及周围。

02 用眼影刷蘸取眼影，由下向上以平涂的方式涂抹整个眼窝，再晕染到眼周，颜色可以稍重一些。

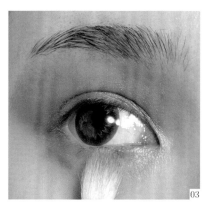

03 使用同样颜色的眼影，用眼影刷在下眼睑处从外眼角向内眼角涂抹，再将眼影自然晕染开。

04 选择比底色更深一些的同色系眼影，用粉底刷从睫毛根部向上涂抹整个眼窝，涂抹晕染的面积小于底层的眼影区。

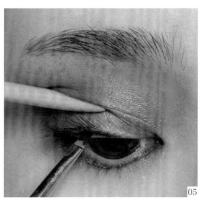

05 用黑色眼线膏从内眼角到外眼角沿睫毛根部描画出流畅的眼线，要填满睫毛之间的空隙，沿外眼角描出眼线尾部。

06 用粉底刷尾部轻轻撑起眼皮，用睫毛夹分段将睫毛夹翘，让睫毛保持自然上翘的状态，要确保睫毛都夹到位。

07 用湿润的粉扑清洁眼睛以外未着妆的皮肤，轻轻按压，让肌肤保持水润。

08 进行面部打底。选择与眼部底妆相同的粉底液，用粉底刷由下往上将粉底液均匀地涂抹开。

09 选择合适的遮瑕膏进行遮瑕，用遮瑕笔做局部遮瑕处理。

10 用散粉刷蘸取少许散粉，将散粉轻扫在脸颊及T区容易出油的地方并轻轻按压。

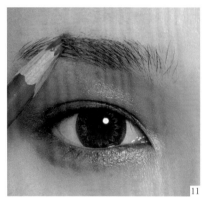

11 根据造型的需求和模特的脸形特征选择合适的眉形。用眉笔沿眉毛的生长方向描画。注意，烟熏妆要淡化眉毛，不宜画得太浓。

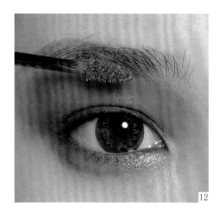

12 选择比发色浅一号的染眉膏，顺着眉毛的生长方向向下、向上分别轻轻刷一层，以改变眉毛的颜色。

13 用鼻侧影刷蘸取少量侧影粉，均匀地涂抹于两侧鼻翼处，让鼻子看起来更加立体。

14 用腮红刷蘸取少量腮红，在颧骨上缘少量多次地轻拍，然后轻扫晕染，让腮红自然过渡。

15 用红色唇釉均匀地涂抹唇部，注意要保持唇部边缘线干净。

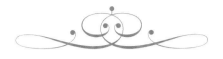

创意妆

妆面特点

以浓郁、热情的色彩，形状不规则的色块、干花点缀，以及立体侧影来渲染妆容的神秘感。

化妆品

粉底液、散粉、睫毛膏、眼影、假睫毛、唇膏、眉笔、染眉膏、彩粉。

01 完成妆前护理。选择合适的粉底液，分散涂抹在脸上，用粉底刷由下往上将粉底液均匀地涂抹开。

02 用散粉刷蘸取少量散粉，在脸颊及T区等容易出油的地方轻轻按压。

03 用粉底刷尾部轻轻撑起眼皮，用睫毛夹分段将睫毛夹翘，让睫毛保持自然上翘的状态，要确保睫毛都夹到位。

04 用黑色睫毛膏呈 Z 字形少量多次地轻刷上睫毛，让睫毛根根分明。然后用少量睫毛膏以同样的方式涂抹下睫毛。

05 用眼影刷蘸取眼影，由下向上以平涂的方式涂抹整个眼窝，再将眼影晕染开。

06 将假睫毛分段剪开，沿着眼部的弧度粘贴在上睫毛的根部。用同样的方法从外眼角向内眼角粘贴假下睫毛，注意下睫毛不宜显得很浓密。

07 根据造型的需求,选择合适的眉形。用眉笔沿眉毛的生长方向描画。

08 选择比发色浅一号的染眉膏,顺着眉毛的生长方向由下向上轻刷一层,注意眉毛要根根分明,不能结块。

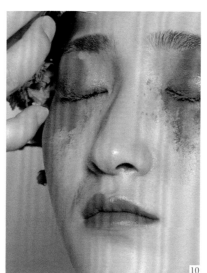

09 用唇笔蘸取粉色系的唇膏,均匀地涂抹唇部,注意要保持唇部边缘线干净。

10 将不同颜色的彩粉均匀地撒在模特的眼部和睫毛上。注意,彩粉的颜色选择要和整体造型的色调相协调。

11 用睫毛胶将干花粘在额头上及鬓角处。

12 稍作调整,妆容完成。

02

传统东方新娘造型

传统东方新娘造型理论讲解与创作灵感

关键词
复古、文艺、情怀。

造型特点
中式造型更为正式，分发的发线清晰，发丝走向整齐，饰品以
传统的金银珠宝饰品为主。

创作灵感
传统东方新娘造型是中华传统文化的展现。在出阁时，大部分新娘还是会选择文化韵味十足的中式
新娘造型。这款造型在具有传统造型特点的同时加入了时尚元素，让整体造型更加时尚、新颖。

造型重点
做造型前要确保头发自然、光滑。编发时，要根据整体发型的需求调整编发的松紧度，取发、分
发要均匀，固定时注意隐藏发尾和发卡。翻转时，要注意对发丝的控制，切忌毛糙。盘绕发髻时，
注意发髻的位置和高度，注意对发髻大小的把握，发卷之间要自然衔接，固定时同样要注意隐藏发
尾和发卡。

龙凤褂妆容

化妆品

乳液、遮瑕膏、粉底液、眼影、睫毛膏、假睫毛、眉笔、高光粉、腮红和口红。

—— 妆容步骤分解 ——

01　清洁面部，并均匀地抹上乳液，按摩半分钟，待皮肤变得水润后修眉（皮肤干燥的情况下切忌修眉，容易伤害到皮肤）。

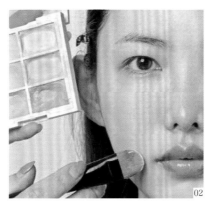

02　在模特嘴角及脸颊肤色不均匀的地方用互补色遮瑕膏进行校色。用毛量较多、长度较短的粉底刷蘸取少量遮瑕膏，在肤色较深的位置刷匀，注意与正常肤色之间的过渡。

03　选择一款合适的粉底液，均匀地点在脸上，额头与下巴处的量少一些，用粉底刷均匀地推开。注意，鼻翼位置的粉底液需有一定的遮瑕力，使妆面更加伏贴。

04　用湿润的海绵粉扑轻拍脸上的粉底，多次轻拍容易脱妆的位置或者粉底较厚的位置，拍匀为止。

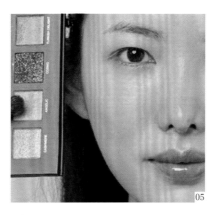

05　选择接近肤色的珠光眼影，在眼睑上薄薄地扫一层，以提升眼部皮肤的质感。然后选择两种不同颜色的眼影，在眼头和眼尾过渡均匀。

06 提起眼皮，尽量用睫毛夹一次夹住所有的睫毛，从睫毛根部依次夹到尾部，并均匀地刷上睫毛膏。

07 将假睫毛分簇剪断，在假睫毛的根部涂上少量睫毛胶，然后将假睫毛贴在模特原生睫毛的根部。

08 蘸取少量睫毛膏，将下睫毛刷至根根分明。

09 选择与发色相近的眉笔，顺着眉毛的生长方向以落笔轻、收笔轻的方式画出想要的眉形。

10 选择一款暖色的高光粉，在将要打腮红的区域轻扫，可使腮红的效果更加自然，且能增加质感。

11 选择一款暖色的腮红，采用斜扫法进行晕染，注意腮红边缘的过渡要自然。

12 选择与整体造型相协调的口红，先涂一遍底色，再用口红刷重复叠加涂抹。

龙凤褂造型

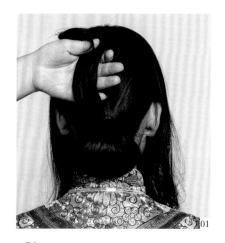

01 将头发分为前区和后区。将后区的头发梳通后扎成一个低马尾，将马尾朝下窝起，在马尾根部固定，做成一个卷筒。

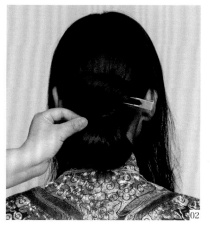

02 将做卷筒后剩余的头发向上再绕出一个卷筒，和下面的卷筒大小基本一致，形成一个竖着的蝴蝶结造型。

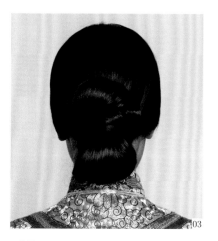

03 将发尾绕在两个卷筒中间并固定，形成一个发髻。用尖尾梳将前区的头发向后梳理干净，发尾与蝴蝶结造型固定在一起，喷发胶定型。

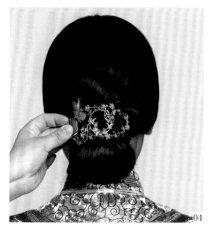

04 选择合适的饰品，配戴在发髻中部。

05 选择合适的发钗，插在发髻上。

06 将假发辫对折成双道，固定在前区和后区的分区线处。

07 将假发辫两端用一字卡固定在发髻的两侧。

08 将发饰固定在前区的真发上。

09 微调局部，完成整体造型。

秀禾服造型

01 将头发分为前区和后区。用尖尾梳将前区的头发从中间向两侧斜分，在顶区分出一个三角形区域。

02 将三角形区域的头发向后梳理，拧转后用黑色发卡固定。

03 将余下的所有头发一起用手指向后梳理整齐，然后按顺时针方向拧转。

04 固定住发根，将头发向上拉。

05 将头发盘成一个低发髻，用一字卡固定，注意隐藏发尾和发卡。

06 将假发辫从头顶向两侧固定。注意，两侧的假发辫要沿着头发的轮廓往里收。

07 将假发辫的尾部沿着发髻的轮廓盘绕固定。

08 整理发髻和假发辫，整理碎发并喷发胶定型。

09 选择合适的饰品，将其固定在相应的位置。

喜服造型

01 将头发梳通，用尖尾梳将前区的头发中分，用定位夹固定。将所有头发向后梳，扎成一条低马尾。

02 整理发丝，在前区喷发胶定型，保持整体发型整洁。

03 将低马尾分为两束，将右侧的发束向外翻转，形成一个发卷。

04 用一字卡固定翻转的发束，并喷发胶定型。

05 将右侧发束的发尾向上翻转，包住之前的发卷。

06 从右往左将发束翻转至发尾，形成一个发髻，用一字卡固定，再喷发胶定型。

07 将左侧的发束从发髻下方逆时针盘绕在发髻外围，并用一字卡固定。

08 选择合适的头饰，将其居中固定在头顶。

09 将发钗对称插在发髻两侧，稍做整理，完成整体造型。

03

浪漫欧式复古新娘造型

浪漫欧式复古新娘造型理论讲解与创作灵感

关键词
复古、文艺、情怀。

造型特点
浪漫的复古造型营造出一种具有幻想色彩的典雅氛围。造型上采用柔软质感的波浪，凸显柔亮的光泽质地，勾起欣赏者潜在的一缕心绪，诱发对美的更高追求。

创作灵感
被称为复古的造型，一定是经典造型。复古造型可以很好地展示女性魅力。如今，在复古造型中融入时尚元素，更能迎合年轻新娘的喜好。

造型重点
复古是文艺的一种表达方式，统一的发丝走向，额前卷曲的波浪，饱含个人的情绪。注意发丝要干净、随意、不要刻意修饰。妆容强调质感，应避免妆容厚重，可选择精巧、轻盈的饰品，以凸显整体造型的文艺气质。

温婉可人气质妆容与造型

化妆品

妆前隔离、粉底液、明彩笔、眼影、睫毛膏、眉笔、腮红、唇釉和高光粉。

01 将妆前隔离在脸上拍匀，并用湿海绵扑按压至伏贴。

02 选择与肤色相近颜色的粉底液，用中号扁头粉底刷刷匀。

03 将YSL1#色明彩笔涂抹于泪沟处，并用指腹拍匀。

04 用眼影刷蘸取眼影，在眼窝处打上薄薄的一层，以修饰眼部轮廓。

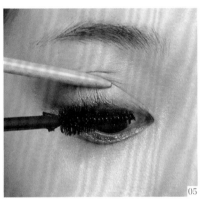

05 提起眼皮，从睫毛根部开始涂刷睫毛膏。

06 为凸显妆容的"氧气"感，选择与原生眉毛相近颜色的眉笔，在眉毛处轻描淡画。

07 选用淡粉色腮红，用腮红刷轻扫两颊，让脸颊泛出淡淡的红晕。

08 在唇珠处点涂唇釉，并用指腹晕染开。

09 用粉底刷蘸取少量高光粉，轻扫唇峰、脸颊和下颌。

01 将头发分为前区和后区，并将前区的头发分为左右两部分（三七分，左七右三），将后区的头发分为上、中、下三部分。将后区上半部分的头发编成三股辫，将发丝抽松，然后盘绕成发髻，并用一字卡固定。

02 后区中部的头发采用与后区上半部分头发相同的方式处理。

03 后区下半部分的头发编成两股辫，抽松发丝。将两股辫沿着发髻的轮廓进行盘绕。注意头发的纹理要清晰，藏好碎发。

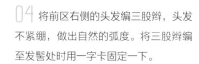 将前区右侧的头发编三股辫，头发不紧绷，做出自然的弧度。将三股辫编至发髻处时用一字卡固定一下。

05 将前区右侧剩余的头发编成三股辫，编好后沿发髻的轮廓进行盘绕，固定并藏好发尾。

06 将前区左侧前额发际线处的头发在保证发丝纹理干净的前提下往前推，推出自然的弧度，然后固定。

07 将前区左侧剩余的头发编成两股辫。编发时发缕松散随意，编至耳后处固定一下，注意头发表面不要留碎发。剩下的头发沿发髻的轮廓缠绕并固定。

08 戴上轻盈的饰品，整个造型完成。

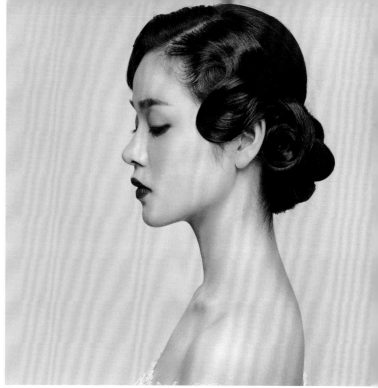

摩登女郎气质造型

01 模特的发丝偏软，发色较黑。造型设计应避免轮廓太大，头发表面不要出现碎发。将头发分为前区和后区。将后区上半部分的头发打毛，梳平表面，并旋转固定。

02 将后区下半部分的头发分为左右两部分。将左侧的头发翻转内扣，用一字卡固定，收平发际线处的碎发及表面的碎发。将后区上半部分的头发和下半部分左侧的头发合成一股，内翻做卷筒。做两个卷筒后将发尾包在卷筒周围，形成一个发髻。

41

03 将后区下半部分右侧的头发梳起，包住一半已做好的发髻，在发髻左上方固定。然后旋转发片，留出自然、顺滑的发尾。

04 将留出的发尾沿着发髻的侧面缠绕一圈并固定，注意藏好发尾。

05 将前区的头发分为左右两部分（左三右七）。将前区左侧的头发推出波纹，用定位夹暂时固定，并喷发胶定型。

06 将前区左侧头发的发尾卷成环状，与后区的发髻固定在一起。前区右侧的头发用与左侧相同的手法进行处理。

07 调整整体造型，取下定位夹，发型完成。

长发女神气质造型

发型步骤分解

01　在整体头发上喷上海盐喷雾，重点喷发根，发根处逆向吹干。取头顶处一小束头发，将发根打毛，梳平表面，单股拧出纹理并固定。

02 在固定好的一束头发的右侧取适量头发，将其编成两股辫，编至前一步头发固定的位置，用U形卡固定，要表现出清晰的编发纹理。将右侧鬓发留出较少一部分，其余头发顺着前一步的发丝走向编两股辫并固定。注意，编发纹理要清晰，发丝要整齐、蓬松、随意。

03 左侧的头发采用与右侧相同的手法进行处理。

04 提前将发饰戴好，用小夹板把额前发际线周围的头发烫出自然的卷曲纹理，并将发丝与发饰理出互动感。注意收干净碎发。

轻复古造型

01 将烫好的头发进行前后分区，分界线为两侧耳尖与头顶的连线。将后区的头发编成三股辫。

02 将编好的三股辫盘成发髻，并将发尾藏至发髻内侧，用 U 形卡固定。然后将表面的头发抽出自然、松散的纹理。

03 将前区的头发分成薄片，用卷发棒烫卷，注意表面不要出现毛糙的头发。

04 将前区的头发平均分为左右两部分。烫好的卷发不用梳开，用手将右侧的头发理出自然随意的弧度，用定位夹固定，并用发胶喷雾定型。

05 将前区左侧的头发推出波纹，需要注意额前波纹的高度，转至侧面的时候根据第一个弧度大小可渐渐转小，弧度大小尽量不一致。

06 将前区头发的发尾用定位夹固定在发髻上，用发胶喷雾定型。

07 摘下定位夹，戴上纱帽，以增强整个造型的平衡感。

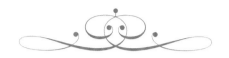

哥特式复古造型

发型步骤分解

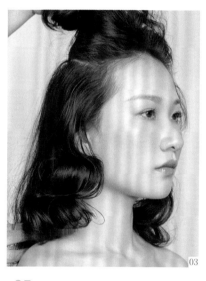

01 采用卷筒式烫法烫卷所有的头发，并用小定位夹将发卷固定好。

02 待头发冷却后取下头上的小定位夹。用多排气垫梳将头发梳理整齐，并梳理出自然的发丝走向。

03 将头发分为前后两区，并将前区的头发简单固定。

04 从后区的头发中取出上面的部分，将其向左编成两股辫，目的是让这部分的侧面轮廓更加饱满。

05 后区右侧的头发齐耳垂处开始编两股辫。编发时要控制每一股头发的方向，保持辫子的轮廓自然。

06 将编好的两股辫向上卷起，用一字卡将其固定在后发际线处。

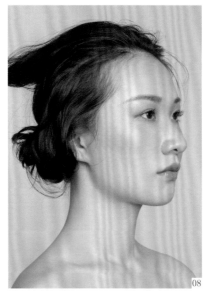

07 将后区剩余的头发分成4缕，分别采用与右侧同样的手法处理。将后区左侧的两股辫沿后发际线绕至右侧，将发尾藏好并固定。后区的头发形成一个低发髻。

08 将前区的头发打毛根部，梳平表面，梳理出自然、松散的纹理。

09 将前区的头发收拢，在低发髻上方固定。整理发丝的走向，注意发际线处的头发要适当地遮挡一些发际线，可以为造型增添少女感。

10 抚平表面的碎发，梳理出自然的纹理，将前区头发的发尾藏好，并用发胶喷雾定型。

11 调整发型细节，结束操作。

04

灵动百变短发新娘造型

灵动百变短发新娘造型理论讲解与创作灵感

关键词

大气、轻盈、时尚、百变。

造型特点

时尚流行瞬息万变，越来越多的新娘会在穿上婚纱的这一刻去尝试独一无二的造型风格，而短发一直都是个性、时尚女孩的标签。具有灵动感的松软发丝就像午后斑驳的树叶下透出的光，让人感到柔和而惬意。

创作灵感

短发可表达出独有的可爱、俏皮，又可以和长发一样表现优雅、美丽。中短发的造型纹理清晰，高盘的发髻能突出新娘的活泼气质。

造型重点

造型前要确保头发自然、光滑。头发要分片打毛，打毛要均匀。翻转时要注意对发丝的控制，切忌毛糙；注意对发髻大小的把控；发卷之间衔接要自然；固定时注意隐藏发尾和发卡。盘绕发髻时，注意发髻的位置。烫发时要注意安全。

轻复古短发新娘妆容与造型

化妆品

妆前隔离、粉底霜、遮瑕笔、眼影、睫毛膏、腮红和唇釉。

 妆容步骤分解

01 根据模特皮肤的质地和肤色，选择
一款可提亮肤色的妆前隔离，加强皮肤
的细腻感。

02 选择与肤色相近的粉底霜，用粉底刷薄薄地刷一层，并用粉扑轻拍，直至与皮肤完
全贴合。

03 用遮瑕笔在泪沟处进行涂抹，并且拍匀、拍伏贴。

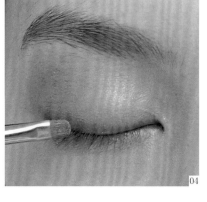

04 选择与肤色接近的腮红为眼部打底。选择轻微的珠光质地的眼影，让眼部皮肤更加细腻、有光泽。

05 将高光粉薄涂于上眼睑突起的位置，以突出立体感。再次蘸取轻微的珠光质地的眼影，涂于睫毛根部附近，以凸显层次感。

06 用粉底刷的尾部挑起眼皮，用睫毛夹将睫毛夹翘，然后均匀地刷上睫毛膏。

07 用腮红在脸颊处刷出淡淡的红晕。

08 为了体现整体妆容的平衡感，选择与整体妆容相搭配的唇釉，薄涂于唇部。

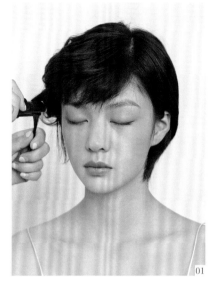

01 将头发三七分（左三右七）。将所有的头发烫卷，但不要过卷。

02 将头顶的头发在发根处打毛。

03 将发际线附近的头发用向内翻卷的方法进行处理，用 U 形卡固定，并在前发际线处留出少量的发丝。

04 用发蜡抚平毛糙的碎发，戴上与整体相搭配的发饰，然后将发尾卷出清晰的纹理。

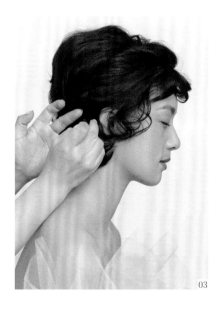

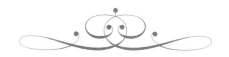

曼妙短发新娘造型

发型步骤分解

01 将头发分成前区和后区。

02 将后区的头发分为上下两部分,将下半部分用小皮筋扎成小马尾,向上窝起并固定。

03 对头顶的头发进行根部打毛。

04 打毛头发之后,梳平表面的头发,然后将发尾旋转绕至头发内侧,用一字卡固定。

05 将前区的头发取出一小束,梳理出轻盈的发束纹理,并用小号 U 形卡固定。

06 将前区的头发全部分束并梳理出纹理,并用发胶喷雾定型。

07 将鬓角处的头发用小夹板夹出自然卷曲的感觉,增强整体造型的俏皮感。

08 佩戴发饰,结束操作。

优雅复古短发新娘造型

01 将提前烫好的卷发梳理整齐。将刘海区的头发三七分（左三右七）。

02 将右侧刘海区的头发梳理出弧度，并用定位夹暂时固定，然后继续往后梳理出弧度，再用定位夹固定。

03 将后区右侧头发的发尾梳至外翻翘的状态，抚平表面毛糙的头发。

04 左侧刘海区的头发梳顺后用定位夹固定，后区左侧头发的发尾采用与右侧同样的手法处理，并喷发胶定型。

05 将后区的头发压出"腰线"，使发尾向外卷。

06 喷发胶使头发定型。发胶干后取下定位夹，戴上与造型相配的帽子。

Lob 短发新娘造型

01 将头发梳通，并分为前后两个区，将后区的头发分层烫卷。注意烫发时分层要薄，统一向下内卷。

02 前区的头发分为左右两部分（左三右七），依次分层并内卷。

03 将后区的头发分为上下两部分，下半部分占后区头发的1/3。将后区上半部分的头发暂时固定。

04 将后区下半部分的头发梳理整齐，用小皮筋扎成一条小马尾。

05 将小马尾向上窝起并固定，注意隐藏发卡。

06 取后区中间的一部分头发，用尖尾梳打毛，让头发更蓬松，注意打毛要均匀。

07 将后区最上层的头发从四周向中间梳，包裹住打毛的头发，接着用 U 形卡固定。

08 一边用手轻捋发丝，一边喷发胶定型。

09 将前区左侧的头发用发蜡棒涂抹整齐，向后梳理，发尾用黑色 U 形卡固定在发髻的下方。

10 前区右侧的头发用发蜡棒整理干净，向后方翻转。翻转后向前推，发尾向后收。先用定位夹固定，然后喷发胶定型。等头发定型后，取下定位夹。

11 佩戴发饰，结束操作。

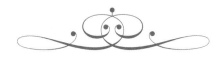

端庄中短发新娘造型

———— 发型步骤分解 ————

01 将头发分成前区和后区,然后将后区的头发平均分为左右两部分。

02 将后区左侧的头发分层打毛,使头发有一定的支撑力。梳平表面的头发,握紧发尾,向内侧翻转并固定。

03 后区右侧的头发采用与左侧相同的手法处理。注意表面发丝蓬松、光滑，后发际线处的头发收紧。

04 将后区头发的发尾交叉缠绕，使之形成自然、饱满的发髻。

05 将前区的头发向后梳理，并在发髻根部固定。注意前区要留出少量发丝。

06 预留的前额处的发丝用小刷子梳理出灵动的弧度。

07 用猪鬃毛梳将两侧鬓角的头发打毛，营造出有风迎面拂过的感觉。

08 戴上植物造型的首饰，整体造型完成。

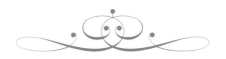

森系中短发新娘造型

01 将头发分为前区、中区和后区。再将前区的头发分为左中右三部分，后区平均分为左右两部分，并用定位夹各自固定。

02 每个区域的头发向不同的方向烫卷。

03 将烫好的头发用鲍鱼梳梳顺，并在发尾处打上发蜡，抚平碎发。

04 将后区右半部分的头发从右侧开始编成三股加一辫，发尾用小皮筋固定。后区最下方要留下一层发丝。

05 后区左半部分采用与右侧相同的手法进行处理。

06 将前区右侧的头发编成两股辫, 并拉出松散、随意的纹理, 在后方固定。前区留出与后发际线处一样厚的发丝。

07 前区左侧的头发采用与右侧相同的方法处理。将提前预留的发丝用小号直板夹夹出不规则的弧度。

08 喷发胶定型, 同时整理出干净、清爽的发丝纹理。

09 戴上发饰。灵动的发丝配上清新森系的发饰, 整体造型呈现出满满的仙女气质。

05

时尚空间想象新娘造型

时尚空间想象新娘造型理论讲解与创作灵感

关键词
想象、立体。

造型特点
发型设计得更立体，同时会选择佩戴比较大的饰品。根据整体造型的设计，部分造型的妆面也更有特色。

创作灵感
在造型创作中，常常利用发型的外轮廓或者饰品来修饰脸部的轮廓，使整体造型更有立体感。

造型重点
造型前，要确保头发自然光滑。拧转头发时，要注意对力度的控制，切忌头发毛糙。盘绕发髻时，要注意发髻的位置，发卷之间要自然衔接，固定时注意隐藏发尾和发卡。翻转时，要注意对发丝的控制，以及对发髻大小的把控，发卷间的衔接要自然，固定时注意隐藏发尾和发卡。

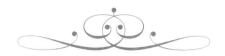

马尾绑带新娘妆容与造型

化妆品

粉底液、眼影、睫毛膏、眉粉、腮红、高光粉和唇釉。

━━━━ ◆─── 妆容步骤分解 ───◆ ━━━━

01 选择与模特肤色匹配的粉底液，用粉底刷均匀地刷在脸上。

02 用温湿的海绵扑轻拍底妆，使底妆更加均匀、伏贴。

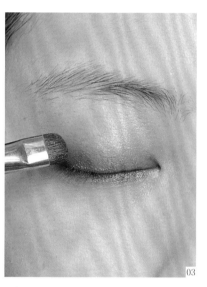

03 选择带有珠光质地的紫棕色眼影。用晕染刷打底，然后用渐层刷再涂一层，以突出眼部的立体感。

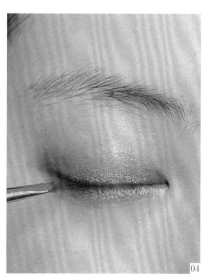

04 选一款深咖色眼影。在睫毛根部晕染出淡淡的眼线。

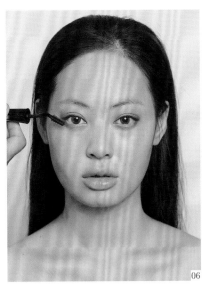

05 用粉底刷的尾部挑起眼皮，从睫毛根部开始用睫毛夹夹翘睫毛。

06 从睫毛根部开始刷睫毛膏，不要刷得太厚。

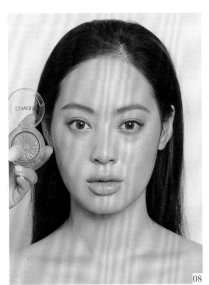

07 用眉粉刷蘸取眉粉，塑造出自然的眉形，用针梳梳出根根分明的效果。

08 在脸颊处扫上淡淡的腮红。

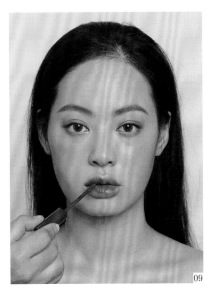

09 在唇峰处刷上高光粉。然后取适量的唇釉涂抹唇部，并将其晕开。

01 将头发分为刘海区和后区。将后区的头发用皮筋扎成低马尾,然后将马尾部分烫卷。从马尾中取适量的头发,将其缠绕于皮筋处。

02 将刘海区的头发分薄片向后翻卷。

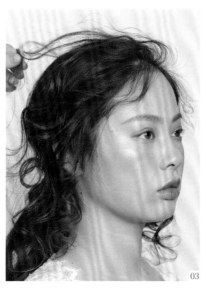

03 用小直板夹夹刘海根部,调整发丝的走向,喷发胶定型。

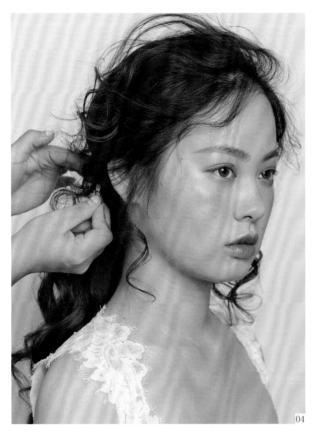

04 整理造型，微调发尾，并喷发胶定型。

05 戴上网纱饰品，并用直板夹重新整理刘海区的头发。

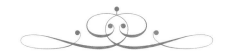

夸张羽毛新娘造型

妆容与发型步骤分解

01　此案例的妆容较特殊，在基础妆容上增加一点腮红，然后用咖色眉笔点出若隐若现的可爱小雀斑。

02 将提前烫好的头发分成上下两部分，并在发际线处预留一些发丝。

03 将上半部分的头发编成两股辫。将两股辫盘绕在头顶，做成发髻。

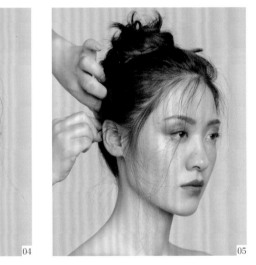

04 将下半部分的头发拧转，向上盘绕在发髻周围。

05 将上半部分头发的发根处抽松。

06 用 9 号卷发棒将发际线处预留的发丝烫成小卷。

07 整体调整造型，戴上羽毛发饰。

立体翻转新娘造型

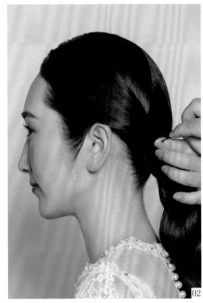

01 将头发分成前后两区，并将后区的头发扎成一条低马尾。

02 将前区的头发整体梳至左侧，在左耳后拧转并用一字卡固定。

03 将前区头发的发尾拧紧后松开，根据拧出的纹理将发尾向上翻折。

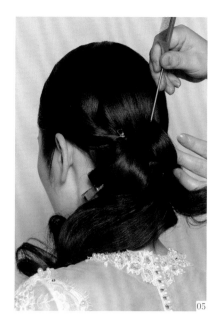

04 将前区余下的头发翻折后与低马尾固定在一起。从低马尾中取一束头发，做成卷筒并将发尾藏在卷筒内，用定位夹固定，喷发胶定型。

05 从低马尾中再取一束头发，向上内翻做成卷筒。

06 将低马尾中剩余的头发分成几束，用定型产品将表面碎发整理干净，然后分别翻转成卷筒并固定，注意留出发尾。

07 继续翻转发尾的头发，并将其固定在卷筒之间。先用定位夹固定，用发胶定型之后再用一字卡替代定位夹从内侧固定。注意卷筒的大小要尽量一致，表面的发丝要整理干净。

内翻低蝴蝶结新娘造型

01 将头发分成前后两个区，前区再分为左右两部分（左七右三）。将后区的头发扎成低马尾，并从马尾中取一缕头发，缠绕遮挡住皮筋。

02 在马尾的 1/3 处将马尾内翻对折，并将发尾缠绕在马尾结节处，喷发胶定型。

03 在前区右侧的头发上均匀地抹上发蜡。

04 前区右侧头发的发根处用定位夹固定，并向前翻转成一个侧卷筒，用定位夹固定后喷发胶定型。再拧转一个侧卷筒，将发尾固定在马尾结节处。

05 在前区右侧的头发上均匀地抹上发蜡，将头发分为两部分。将前面头发的根部用定位夹固定到一个恰当的高度，向前翻转。

 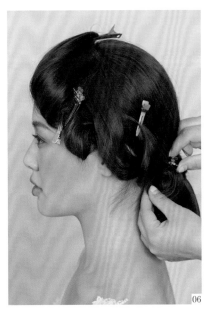

06 将前面的头发再翻转两次，在翻转的折点处用定位夹固定，喷发胶定型。将后面的头发理顺，向下遮住右耳，并将发尾固定，喷发胶定型。

07 整体调整造型，取下定位夹。为造型配上合适的发饰，发型完成。

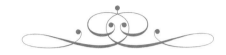

轻羽点缀新娘造型

01 将前区右侧的头发采用两股添加拧绳的手法编至耳后并固定。

02 后区右侧的头发也拧转至耳后固定。

98

03 前区左侧的头发同样采用两股添加拧绳的手法编至耳后并固定。

04 将剩下的头发平均分为左右两部分。将右半部分编成两股辫，抽松后在后发际线处盘成发髻。

05 左半部分采用与右半部分相同的手法处理。

06 佩戴发饰，完成整体造型。

06

线条极简感新娘造型

线条极简感新娘造型理论讲解与创作灵感

关键词
延伸、自由、另类。

造型特点
强调发型的轮廓质感，通过对发丝的控制体现出整体造型的特点。妆面以冷淡风为主，要表现出妆面的质感，再搭配不同的发型，可以打造出不同的风格。

创作灵感
发丝本身的纹理感就很强，发型的设计操作中最基本也是最难的就是对发丝的控制。选择简单的饰品或者带线条的饰品，可以让发型的轮廓更有美感。

造型重点
造型前要确保头发自然、光滑，根据发型的要求选择烫发的方式。烫发时要根据发质来判断烫发的时长。编发时要根据整体发型的需求调整编发的松紧度，取发、分发要均匀。固定时要注意隐藏发尾和发卡。盘发时要注意发髻的位置，发卷之间要自然衔接。

复古中国风新娘妆容与造型

化妆品

粉底液、散粉、眼影、睫毛膏、眉笔、高光粉、腮红和唇釉。

妆容步骤分解

01　根据模特的肤质选择一款遮盖力比较强、带妆时间较久的粉底液，然后将其均匀地点涂在脸上。

02　选择毛量较少的扁平粉底刷，将粉底液刷匀。

03　用热水浸泡过的五角粉扑轻拍面部，直至妆面伏贴、均匀。

04　用胖蘑菇散粉刷蘸取少量散粉，轻扫定妆。

05　选择亚光质地的大地色系眼影，从睫毛根部开始在眼皮上反复均匀地轻扫。为了凸显眼部结构，眼影可适当前移，范围可超过内眼角。

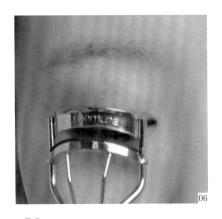 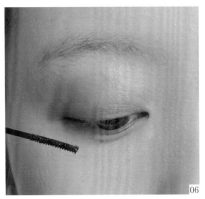 

06 用睫毛夹分别轻夹睫毛根部、中部和尾部，切勿过于用力，以免睫毛断裂。然后用小头睫毛膏涂刷睫毛，小头睫毛膏的刷头便于刷到某一根睫毛和睫毛根部。

07 选择干性眉笔，画出淡淡的、柔和的眉形。

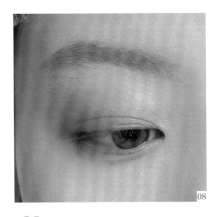  

08 用螺旋眉刷将眉毛刷出根根分明的效果。

09 用高光粉沿着发际线往颧骨弓下线的位置轻扫出侧影。

10 涂抹脏番茄色唇釉，以体现出中国风的复古妆感，使唇形饱满、圆润。

11 选择橘色系腮红，轻扫脸颊，并用同一腮红在下眼睑处表现出淡淡的层次。

12 选择颜色较深的橘色系腮红，在下眼睑处扫出淡淡的晕染层次。

01 将头发分为前区和后区，并将发根用小直板夹夹出随意的弧度，使发根更蓬松。

02 依次将刘海区头发的发尾夹成内扣卷。在夹刘海的时候要注意，直板夹不能扣太紧，将刘海松散地放在直板夹上，用手控制夹板的方向，将头发卷出自然的弧度。

03 用鬃毛梳梳顺所有的头发。取前区的头发，打毛根部，使头发蓬松。

04 将打毛的头发表面梳理整齐，理出一个发包并固定。

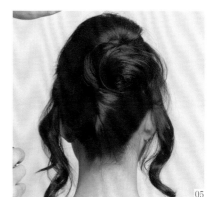

05 将后区的头发向上梳，拧紧并固定。将发尾理成一个随意形状的小发髻。

06 将右侧鬓角处留出的一缕头发向后梳，将发尾在发髻处固定好。从两侧鬓角处抽出一些短小的发丝，理出自然的立体线条。

07 左侧鬓角处的头发采用与右侧相同的手法处理。

不规则曲线怀旧新娘造型

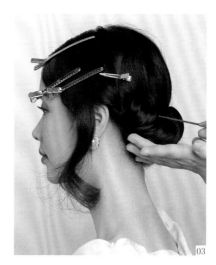

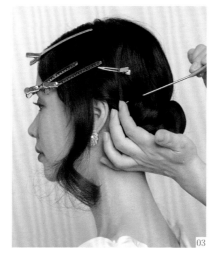

01 将前区的头发中分。将右侧的头发梳顺，手和尖尾梳配合，贴着头皮将头发推出 S 形波纹，并用定位夹固定。

02 再推出一个波纹，将发尾向后梳，注意露出耳垂。整理干净碎发。

03 将后区头发的发尾向外翻卷，固定，形成一个低发髻。要保持发髻的表面光滑。然后喷发胶定型。

04 前区左侧的头发同样做手推波纹，固定发尾。摘下头上的定位夹。

05 调整整体造型。

07

鲜花新娘造型

鲜花新娘造型理论讲解与创作灵感

关键词
生命力、唯美。

造型特点
妆面清新，发型多用抽丝的手法体现，让整体造型更加唯美。

创作灵感
鲜花是造型中常用的装饰品，其颜色丰富、样式繁多，又富有生命力，可以让新娘看起来清新自然、元气满满。

造型重点
造型前要确保头发自然、光滑。编发时要根据整体发型的需求调整编发的松紧度，取发、分发要均匀，固定时注意隐藏发尾和发卡。拧转头发时要注意对力度的控制，控制好发丝，切忌毛糙。盘绕发髻时，注意发髻的位置，发卷之间要自然衔接。打毛时注意用力要均匀，确保完成后头发蓬松、均匀。

单色鲜花
新娘妆容

化妆品
遮瑕膏、粉底液、遮瑕液、眼影、高光粉、腮红和唇蜜。

妆容步骤分解

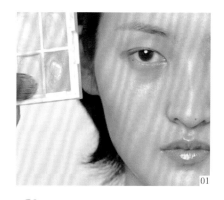

01 将橘粉色遮瑕膏点涂到模特的黑眼圈上，用粉底刷刷匀，然后用指腹轻拍。

02 选择具备一定遮瑕力且滋润性强的粉底液，用粉底刷均匀地刷在脸上。

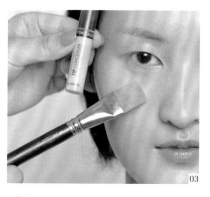

03 在脸颊处用颜色较浅的遮瑕液进行肤色提亮，用粉底刷刷匀。

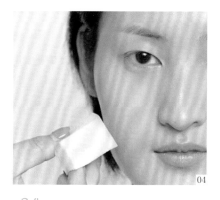

04 用海绵扑轻拍脸部，直至妆面均匀、伏贴。

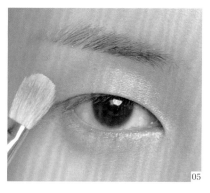

05 用质地细腻的眼影在眼部打底，增强眼部皮肤的质感。同时，眼影由下往上晕染出渐变效果，增强眼部轮廓的立体感。

06 取与眼影底色接近的颗粒感珠光眼影，在眼尾与眼头处叠加晕染，进一步强调眼部轮廓。

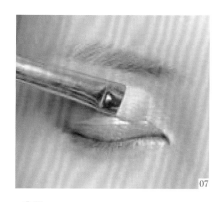

07 用暖色高光粉在上眼睑的中间位置（眼球凸起的地方）进行提亮，让眼部看起来更加立体。

08 用带有颗粒感的珠光腮红轻扫苹果肌，增加脸部的肌肤质感并使之透出淡淡的红晕。

09 选择樱桃红色亮彩唇蜜，将其涂在唇部，使唇部饱满起来。

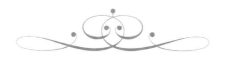

单色鲜花新娘造型

01 将头发梳顺后用卷发棒烫卷，让头发看起来更轻盈、蓬松。选取头顶的一束头发，做两股拧绳处理。

02 将拧好的两股辫盘绕在头顶，用一字卡固定，注意盘绕的松紧度和发丝的走向。

03 将后面的头发分为两层。

04 分别将两层的头发拧成两股辫并翻转成发髻。左右两侧剩余的头发采用两股添加拧绳的手法处理，注意隐藏发尾和发卡。

05 对头发做抽丝处理，营造出蓬松自然感，喷发胶定型。

06 戴上植物发饰，整体造型完成。

多种鲜花组合新娘造型

01 将头发梳顺，分为前区和后区。对后区上部的头发做两股拧绳处理，不宜拧得太紧。

02 用抽丝手法将拧好的两股辫抽松，发梢用小皮筋固定。

03 将后区中间的头发采用与后区上部相同的手法处理并固定。

04 后区下部的头发采用同样的手法处理。

05 将后区中间的两股辫和后区下部的两股辫用两股拧绳的手法松松地拧在一起。

06 将刚拧好的辫子和后区上部的两股辫用两股拧绳的手法拧到一起。

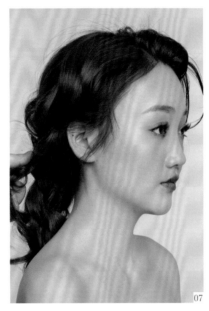

07 将前区右侧的头发采用两股拧绳的手法处理，拧好后抽丝并固定。前区左侧的头发采用同样的手法处理。

08 在头发的两侧用彩色的小花装饰。顺着发丝的走向，将花朵插在发丝中间。沿着辫子的纹理，将小花从前额一直装饰到辫子尾部。

09 用抽丝的手法整理头顶的发丝，让发型看起来更加蓬松、轻盈。

植物点缀新娘造型

发型步骤分解

01 将头发分片，用 32 号卷发棒将头发烫卷。

02 用尖尾梳将顶区的头发分片打毛，注意力度，切忌头发参差不齐、毛糙。

03 将顶区头发的表面梳顺。将右侧刘海区的头发编成三股辫，编至发尾，注意不要编得太紧。

04 将编好的三股辫抽松，注意力度，头发有蓬松感即可。

05 将处理好的三股辫在耳后固定，剩余部分向上绕至头顶并用一字卡固定，注意对发尾的处理并隐藏好一字卡。

06 左侧刘海区头发的处理手法与右侧头发的处理手法一致。

07 准备绿色多肉植物，从头顶开始向
两侧延展，用 U 形卡固定。

08 整体调整造型，喷发胶定型，造型
完成。

08

时尚新娘造型

时尚新娘造型的理论讲解与创作灵感

关键词

潮流、时尚、新颖。

造型特点

妆面干净、精致,色彩不过于夸张,发型风格大多以随意、自然为主。

创作灵感

无论想尝试什么风格,或者什么类型的手法,做出的造型都要让人感到时尚、舒适,要做到有亮点但不会让人看出刻意修饰的痕迹。

造型重点

妆容不会运用太复杂的色彩。要凸显妆容的质感,体现新娘大气端庄的气质。造型精致但不刻意,每一片头发在烫卷时的角度都是不同的,发根的提拉角度也不一样。根据发量的多少控制卷发棒的温度,发量多温度就高,发量少则温度低。这样操作能使头发的卷曲度基本一致,显得发质更好。

唯美时尚新娘妆容与造型

化妆品

化妆水、免洗面膜、粉底液、明彩笔、遮瑕棒、遮瑕膏、眼影、睫毛膏、眼线液笔、腮红和口红。

妆容步骤分解

01 给模特洁面以后，喷上少量的化妆水。待化妆水被完全吸收后，刷一层薄薄的 NARS 免洗面膜。

02 模特的肤色偏深，所以选择与模特肤色一致的乔治·阿玛尼 5 号粉底液。

03 将粉底液均匀地刷在脸上。

04 在眼睛下方的泪沟处用明彩笔遮瑕。

05 用遮瑕力较强的遮瑕棒再次遮盖一些未遮住的、肤色不匀的地方，如眼角、鼻翼和嘴角。

06 用粉底刷将遮瑕膏刷匀，并用指腹轻拍。

07 选择颜色不是很艳、质感比较突出的眼影。

08 从眼尾往眼头晕染浅色眼影，内眼角和外眼角处的颜色深一些，中间位置浅一点。

09 打湿眼影刷，蘸取眼影盘中颜色最深的眼影，在睫毛根部勾勒出流畅的眼线。

10 用睫毛夹夹翘睫毛，并均匀地刷上睫毛膏。

11 选择咖啡色眼线液笔，在眼尾处加实眼线。

12 在脸颊靠近颧骨弓下线的位置轻扫浅色腮红，并过渡到鼻翼处，这样看起来妆容更自然。

13 选择合适的口红，顺着唇形由内往外晕染。

01 将刘海区的头发二八分（左八右二）。

02 用9号卷发棒将刘海区及表面的头发烫卷至发根。

03 取少量发蜡，在手心来回搓，直至发蜡乳化。用手指代替排梳梳顺已烫好的卷发，将头发全部理至脑后，扎成一条低马尾。

04 取马尾中的部分头发，将其烫卷，注意发尾多留一些，不要进行卷烫。

05 抽松头皮表面的发丝，喷发胶定型。

大气时尚新娘妆容与造型

化妆品
粉底液、眉毛定型液、眉笔、腮红和唇膏。

01

02

03

01 将一款质地轻薄的粉底液轻轻地刷在脸上。

02 在眉毛上刷上少量眉毛定型液，然后用针梳将眉毛梳至根根分明。

03 在眉毛空缺处用眉笔填几笔（切勿填实），然后用螺旋刷将颜色晕开。

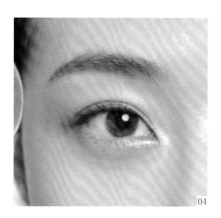
04

05

05

04 用腮红代替眼影，在眼部均匀地晕开。

05 将淡色腮红斜向刷在脸颊上方，并在眼睛和鼻子周围过渡。

06

06

06 先薄涂一层唇膏，然后多层涂抹，这样唇部的质感会更好。

01 将头发分成前后两区，先将后区的头发扎成一条低马尾。

02 将前区右侧的头发用卷发棒烫卷，卷发棒的温度控制在140℃左右。

03 在头顶头发的发根处用卷发棒烫出蓬松感。

04 将卷发棒调至低温，将前区左侧的头发反复烫直几次再进行烫卷，这样烫出的头发表面光泽感更强。

05 烫卷后区的头发。如果是发量偏少的新娘，可将发片向不同的方向烫卷并将发根提拉得更高，这样可让头发更加蓬松、饱满。

06 再一次降低卷发棒的温度，用卷发棒卷烫后区的头发，卷发棒自然冷却后使头发脱离卷发棒。这样操作是为了让头发更加有弹性，并且不易变形。注意后区的头发不要烫太卷，似卷非卷即可。

07

07 将所有头发拨到左肩处，在头发上抹上少量造型产品，让头发的纹理更加清晰。

精致时尚新娘妆容与造型

化妆品

粉底液、眼影、睫毛定型液、假睫毛、眼影、眼线膏、腮红和唇釉。

01 选择和模特肤色相近的粉底液，打底。

02 选择大地色眼影，将其涂于眼窝处。

03 将睫毛夹翘，在睫毛根部粘贴假睫毛。

04 抹上睫毛定型液。

05 用咖啡色流云眼线膏在手上试刷均匀，然后轻扫眉毛，注意眉头和眉坡位置的颜色较浅，眉峰渐深，眉尾变浅。

06 选择咖啡色系的腮红。用刷子蘸取腮红，在手上过渡之后轻轻地涂抹脸颊。

07 选择豆沙色唇釉，先用唇釉自带的刷子薄涂，然后用干净的唇刷蘸取唇釉并晕染均匀。如果唇釉盖不住原本的唇色，可多涂几遍，这样可避免出现明显的唇纹。

08 在睫毛根部用深咖色眼影晕染出层次，让眼睛看起来更加有神。

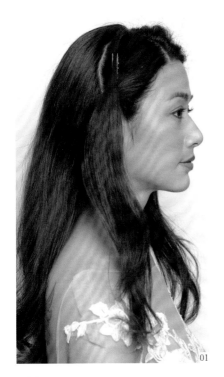

01 将头发分为前区和后区。将前区三七分（左七右三），将后区分为上下两部分。

02 将后区上半部分的头发单拧，盘绕成发髻并固定。

03 将后区下半部分的头发平均分为左右两份。右侧头发单拧并绕至头顶发髻左侧并固定，左侧头发单拧并绕至发髻右侧并固定。

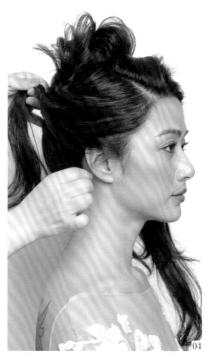

04 将发髻抽松并喷干胶定型。将前区右侧的头发向后梳并理出自然的纹理,将发尾盘绕在发髻周围,用一字卡固定。

05 前区左侧的头发采用与右侧相同的手法进行处理。

06 根据服装搭配合适的发饰,发型完成。

09

个性暗黑系新娘造型

个性暗黑系新娘造型理论讲解与创作灵感

关键词

潮流、时尚、新颖。

造型特点

在新娘造型中融入了哥特风和洛可可风。但是这种造型可能与一些中国家庭的婚礼理念有一些冲突，所以想要尝试这种风格的新娘最好先和家人商量好。

创作灵感

随着时代的变迁，一些新娘开始追求更加新颖的造型，暗黑系造型就这样诞生了。

造型重点

做造型前要确保头发自然、光滑。翻转时要注意对发丝的控制，切忌毛糙。注意对发髻大小的把控，发卷之间的衔接要自然，固定时注意隐藏发尾和发卡。编发时要根据整体发型的需求调整编发的松紧度，取发、分发要均匀。盘绕发髻时要注意发髻的位置。

环绕编发新娘
妆容与造型

◆━━━◆━━━ 妆容步骤分解 ━━━◆━━━◆

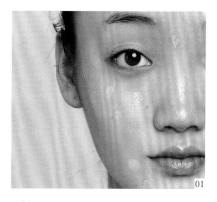

01　完成妆前护理。选择与模特皮肤颜色和状态都相契合的粉底液，用手指蘸取，呈点状分散涂抹在脸上。

02　用粉底刷由下往上将粉底液涂抹开，注意要涂抹均匀。

03　用散粉刷蘸取少许散粉，刷在脸颊及 T 区等容易出油的地方，轻轻按压。

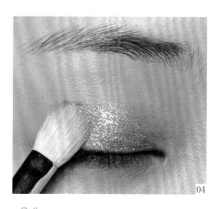

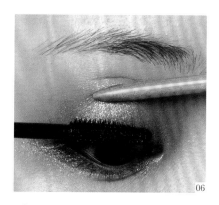

04　用眼影刷蘸取大地色眼影，由下向上以平涂的方式涂抹整个眼窝，下眼睑处从外眼角向内眼角涂抹，自然晕染。

05　用粉底刷的尾部轻轻撑起眼皮，用睫毛夹将睫毛夹翘，让睫毛保持自然上翘的状态，要确保眼角和眼尾的睫毛都夹到位。

06　用黑色睫毛膏少量多次地呈 Z 字形轻刷上睫毛，使睫毛根根分明，然后少量多次地涂抹下睫毛。

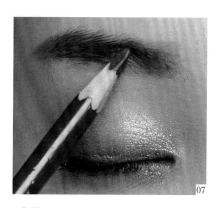

07　用植村秀眉笔沿眉毛的生长方向描画。此处根据造型和模特的脸形画成了平眉。

08　用腮红刷蘸取少量腮红，在颧骨上方轻拍，将腮红晕染开。为了确保腮红过渡自然，可将腮红刷慢慢斜向轻扫。

09　用唇刷蘸取唇膏，均匀涂抹唇部，保持唇部边缘线干净。

01 梳顺头发，用小号卷发棒将刘海烫
卷。其余的头发分为左右两区，两区均采
用"编蜈蚣辫＋编三股辫"的手法一直
编至发尾，并用皮筋固定。辫子不宜编得
太松，否则容易散开。

02 将两侧的辫子向上盘至头顶，用一
字卡固定。注意隐藏发尾和发卡。

03 戴上头纱并用鲜花进行装饰。

复古卷筒黑纱新娘造型

01 梳顺头发，用中号卷发棒竖烫，使头发微卷。分出刘海，将剩余的头发梳整齐，在脑后扎一条马尾，用皮筋绑好。用发蜡棒将碎发整理干净。

02 将扎好的马尾梳顺，从中取一束头发，将头发向内卷，做成卷筒，用一字卡固定，注意隐藏一字卡。

03 再取一束头发，同样做成卷筒，注意两个卷筒的位置，左右各一个，对称摆放。

04 再取一束头发也做成卷筒，固定在左下方。

05 将刘海向内翻转，先用一字卡固定形状，然后喷发胶定型。

06 将翻转的刘海用鸭嘴夹固定，注意处理细节。

07 再从马尾中取一束头发，向上翻转，固定在右下方。

08 将剩下的头发向上翻转，固定在中间。注意发髻的大小和高度要和整体造型相协调。

09 将发尾翻转并固定在下方，形成一个发髻。

10 调整整个发髻的形状，并用发蜡棒将发丝整理平整，取下鸭嘴夹。

11 选取材质较硬的黑纱，宽度为10~15cm，如图折叠后固定在刘海后方右侧。这样不仅能起到装饰的作用，还可以遮盖刘海翻转后处理发尾的痕迹。再次喷发胶定型。

高冷文艺感新娘造型

发型步骤分解

01 在发际线处留半指宽的头发，将剩余的头发梳至耳后。

02 在头顶取出一束头发，将根部打毛。

03 将打毛之后的头发表面梳平，扎成一条马尾。

04 从低马尾中取一缕头发，缠绕并遮挡皮筋。

05 将后面其余的头发分为左右两部分。将右半部分采用"编蜈蚣辫 + 编三股辫"的手法编至发尾。

06 抽松发丝，并用打毛梳将表面的头发打毛。

07 将顶区的低马尾编成鱼骨辫。

08 将编好的鱼骨辫折叠绕在原马尾结点处。

09 左半部分的头发采用与右半部分同样的手法处理。将左右两侧的辫子盘绕在折叠的鱼骨辫旁边，形成一个发髻，并将发髻调整成上宽下窄的形状。

10 藏好发尾，用 13 号卷发棒将部分抽出的发丝稍微烫卷。

11 把右侧发际线处预留的半指宽度的头发分成数缕，用 13 号卷发棒分别烫成不规则的羊毛卷。

12 左侧发际线处的头发同样烫成羊毛卷。戴上发饰，造型完成。

内扣卷洛可可风新娘造型

发型步骤分解

01 将头发烫出自然的弧度，然后将头发分为前区、中区和后区。前区的头发又分为左右两部分。将中区的头发单股拧转并盘绕成一个小发髻。

02 将后区的头发向上提起并编成两股辫，抽松发丝后缠绕在中区小发髻的四周。

03 将前区两侧的头发横向分片夹卷。

04 烫卷头顶的头发，使根部蓬松。

05 梳理前区烫卷的头发，注意不要有碎发。

06 将部分头发松散地编成两股辫，向后绕在发髻周围。

07 将编好的头发用一字卡固定，并将发尾理出好看的、自然的纹理。

08 将前区右侧剩余的头发分为上下两层，均匀地抹上发蜡。

09 将下层的头发卷成卷筒并固定。将上层的头发梳理出自然的弧度，发根处在一定的高度用鸭嘴夹固定。将发尾卷一个圈，在右耳上方固定。

10 前区左侧的头发用与右侧相同的手法处理。

11 喷发胶定型，整理出最终的效果，再次喷发胶定型。

10

手工帽饰经典新娘造型

手工帽饰经典新娘造型理论讲解与创作灵感

关键词
特立独行、高雅、淑女。

造型特点
经典的手推波纹手法搭配精致的帽饰，在提升新娘气质的同时，
也能增添些许可爱感。

创作灵感
饰品是时装中不可或缺的一部分，在新娘整体造型中起着重要的装饰作用。帽饰最早流行于欧洲古
代贵族之间。热爱生活的人们把帽饰当作装饰品，设计出了多种风格。现在，不同风格的帽子与化
妆造型师独特的审美相结合，最终呈现出独特的帽饰造型。

造型重点
人物整体的气质把控尤为重要，手推波纹能提升新娘的气质，按照新娘原本的气质去塑造是最好的。
独特的帽饰与合适的发型搭配，使新娘更显端庄、典雅。

摩登小礼帽新娘妆容与造型

化妆品

粉底液、散粉、眼影、睫毛膏、眼线笔、眉笔、腮红和口红。

妆容步骤分解

01 进行妆前护理，修眉。取质地轻薄的粉底液，薄薄地刷一层底妆，然后用散粉刷蘸取散粉，定妆。

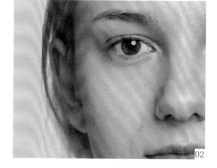

02 用适合晕染的眼影刷蘸取红棕色眼影，薄涂上眼睑。

03 在眼尾处加重颜色。

04 用睫毛夹夹翘睫毛，少量多次地从根部往上刷睫毛膏。

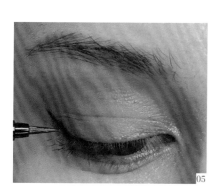

05 用眼线笔画出黑色的眼线，以增强整体妆容的优雅感。在画眼线的过程中，要慢慢地、耐心地填匀眼线。

06 用干性眉笔画眉，然后用螺旋刷把眉毛梳理整齐。

07 用侧影刷沿眉头往下带出鼻侧阴影。

08 将腮红晕染在笑肌处。

09 顺着唇纹的走向涂抹口红，这样唇纹会淡一些。

◆━━━ 发型步骤分解 ━━━◆

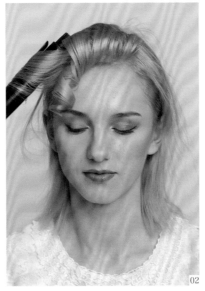

01 将中间部分的刘海用 32 号卷发棒烫卷。

02 将右侧的刘海同样烫卷，但卷曲方向与中间部分的刘海相反。

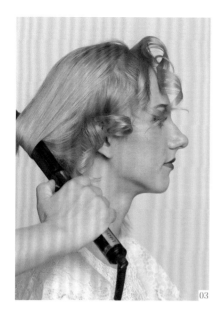

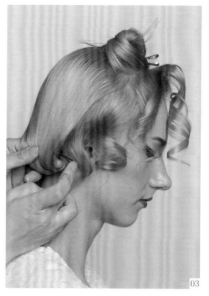

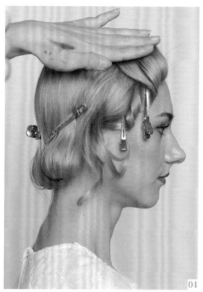

03 处理后区的头发。用 28 号卷发棒将发尾向内翻卷，做成卷筒状并固定。

04 在中间部分刘海的发根处用无痕夹固定，发尾理出弧度，并用小定位夹固定。需注意发尾处的头发不要出现毛糙感。喷发胶定型。

05 将左侧刘海区的头发向后梳，发尾在耳后卷成卷筒并用定位夹固定。

06 将右侧刘海的发尾卷成一个圆，在右耳上方固定。喷发胶定型，之后将定位夹取下来，调整发型。

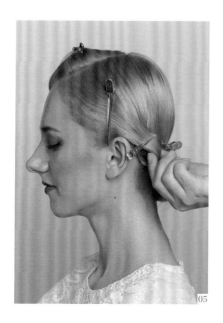

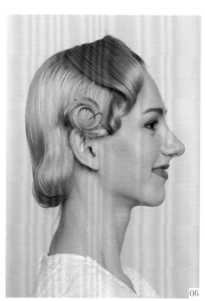

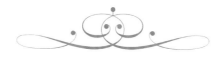

网纱帽新娘妆容与造型

化妆品

粉底液、定妆粉、眼影、眼线笔、假睫毛、眉笔、腮红和口红。

—— 妆容步骤分解 ——

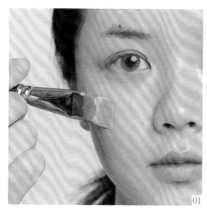

01 进行妆前护理，修整眉形。选择与肤色相近的粉底液，用毛量较少的粉底刷均匀地刷在脸上。

02 为了使底妆更加伏贴，用浸泡过热水的五角海绵扑轻拍面部。

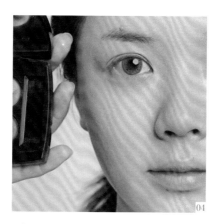

 用定妆粉定妆。

04 选择大地色系的眼影，用眼影刷涂于上眼睑处，在眼窝处表现出阴影。

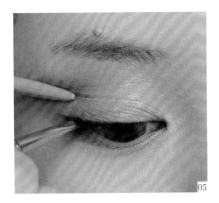

05 用粉底刷的尾部撑起眼皮，用眼线笔沿着睫毛根部画出流畅的眼线。

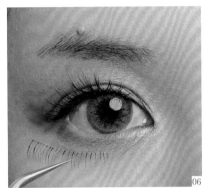

06 将假睫毛单簇剪开，每簇间隔一定的距离穿插粘贴在真睫毛根部。找到大小相匹配的下睫毛，分段粘贴。

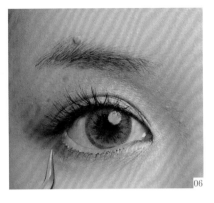

07 选择灰咖色眉笔，描绘出上扬的眉形。从气质上看，上扬眉的气场偏强，略显高冷；从妆容上分析，上扬眉能突出五官的立体感。

08 整体妆容强调线条感，腮红也不例外。选择与妆容匹配的橘色系腮红，在鬓角连接颧骨弓下线的位置晕染。

09 选择橘色系口红，沿着唇部的纹理走向均匀涂抹。

发型步骤分解

01 将头发分成刘海区和后区。

02 将后区的头发依次分层并有规律地向内烫卷。

03 刘海区的头发用9号卷发棒烫成小卷，卷曲方向与后区的头发保持一致。

04 将烫好的头发用双排鬃毛梳梳顺，并用发蜡将毛糙的头发抚平。

  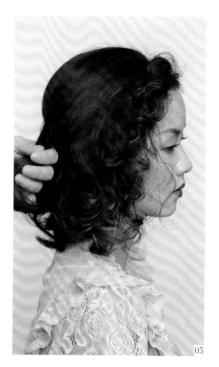

05 将头顶头发的发根打毛，让发根处蓬起来。然后用鬃毛梳梳平表面，将发尾拧转后用一字卡固定。

06 将后区头发的发尾卷成不同方向的发卷，然后将发卷叠加在一起，形成发包，注意收干净表面的碎发。

07 将刘海区右侧的头发向后梳，在脑后固定。调整右下方的头发。

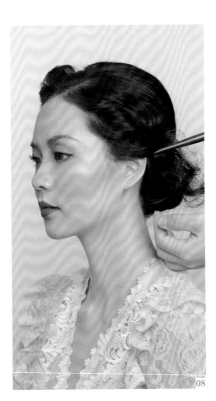

08 用小排鬃毛梳穿透刘海区左侧的头发，将头发向后梳，在耳后收紧并固定好。

09 调整发型，藏好发尾，戴上合适的发饰，造型完成。

别致繁花款帽饰新娘造型

01 用喷雾打湿头发的根部后吹干，用 28 号卷发棒将头顶部分的头发烫成不规则的发卷。

02 将烫好的头发用双排鲍鱼梳梳顺。将头发分成前区和后区。

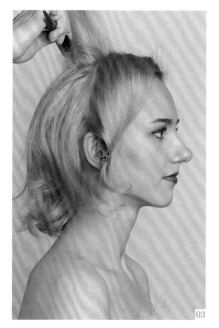

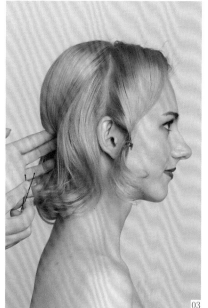

03 将头顶部分的头发打毛。将后区打毛的头发的表面梳理整齐，拧转发尾，形成一个发包，然后用一字卡固定。

  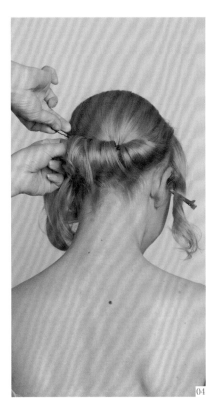

04 将后区剩余的头发从右侧开始分片向内翻转，注意头发表面要光滑。先卷好的头发可用 U 形卡固定。

05 先在前区右侧头发的发根处用定位夹固定，然后用梳子穿透头发，用右手与梳子配合推出自然流畅的波纹，在每个波纹的转折处用定位夹固定。到耳朵位置时，露出耳朵，理出自然的弧度，喷发胶定型。

06 前区左侧的头发采用与右侧同样的方式进行处理。

07 喷发胶后，用纸巾吸干头发表面的水雾，再进行烘干。烘干时需要一边吹一边用指腹感受头发的硬度，过干或过硬都会影响造型的质感。

08 整体调整造型，取下定位夹。

09 佩戴发饰，造型完成。

11

潮流色彩妆容与简约造型搭配

潮流色彩妆容与简约造型搭配理论讲解与创作灵感

关键词
潮流、流行色、创新。

造型特点
突出妆容的色彩，发型相对简单。

创作灵感
一些书上或网络平台上的经典新娘妆容和盘发造型都有一个共同点——简单，这里的"简单"并非是不做或者少做，而是做到恰如其分。整体造型的灵感源自新娘的发饰，造型师经常会因为一套服装、一件首饰，或者一种长相而萌发为其设计整体造型的欲望。

造型重点
一般在做整体造型的前期构思时，妆容与造型的比例就要拿捏得当，使整体造型产生舒适感。

微醺感妆容

化妆品

粉底液、眼影、眼线膏、睫毛膏、腮红、高光粉、眉笔、染眉膏、唇膏。

妆容步骤分解

01 根据妆面风格选择一款遮盖力强
并且具有亚光质感的粉底液，用短毛粉
底刷将粉底液在面部涂匀。

02 先用浅色眼影晕染上眼睑，然后叠加金棕色眼影，少量多次地叠加晕染。选择深颜色的眼影，由外眼角开始从下往上晕染上眼睑，使之呈现出淡淡的层次。

03 用深色眼影晕染下眼睑，强调出与上眼睑一致的层次感，让模特的眼神显得深邃而又神秘。

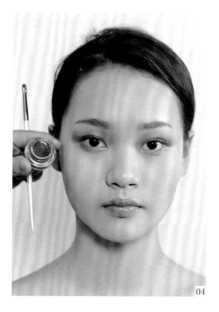

04 选择深棕色的眼线膏，用眼线刷刷出流畅的眼线，下眼线沿着下睫毛根部用点涂的方式描画。

05 用睫毛膏轻刷睫毛，使睫毛根根分明。

06 在颧骨靠近鬓角处扫上淡淡的裸色腮红，强调出脸部的立体线条。在腮红的最高处薄薄地扫一点高光粉，强调光影效果。

07 用螺旋刷轻扫眉毛，用咖色眉笔轻扫眉峰至眉尾，眉头用眉刷晕染，然后用染眉膏将眉毛晕染成统一的颜色。

08 选择一款奶茶色唇膏，均匀地涂满整个唇部，包括唇线的位置。

高盘发新娘造型

01 将头发分为上下两区。将下区的上半部分头发用尖尾梳打毛。

02 将整个下区的头发用尖尾梳向上梳理，将表面梳整齐。

03 将后区头发的发尾轻轻盘绕，固定在头顶。注意固定时要保持在一个平面上，不需要形成发髻。

04 将前区靠后部分的头发用尖尾梳打毛。

05 用最外围的头发将里层打毛的头发包裹住，并用一字卡固定。

06 用尖尾梳轻轻梳理头发，将表面梳理整齐，藏好发尾，使发型更有纹理感。

07 用手指将碎发整理干净，喷发胶定型。

08 根据整体造型再次进行调整，手指的动作要轻。发型完成。

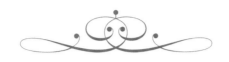

人鱼姬质感妆容

化妆品

妆前隔离乳、粉底液、定妆蜜粉、闪片眼影、高光粉、腮红、假睫毛、睫毛膏、眉笔、眉胶、唇釉。

妆容步骤分解

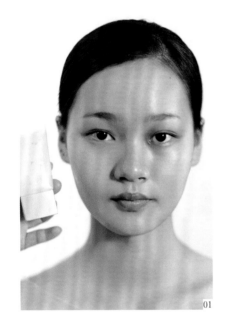

01 根据模特的肤质选择妆前隔离乳，用底妆刷将其在脸上轻轻推开，并用指腹轻拍至吸收。若有残留，可喷少量清水，再次推开直到完全吸收。

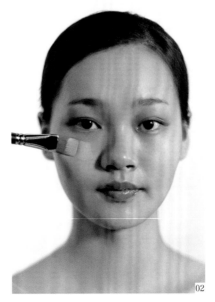

02 根据肤色和肤质选择粉底液，用粉底刷少量多次地在脸上涂抹均匀。在刷粉底的过程中，可慢慢增大手上的力度。前面力度要轻，以避免留下刷痕；后面加大力度，使底妆更加伏贴。

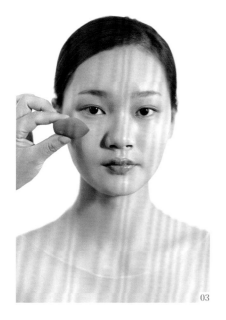
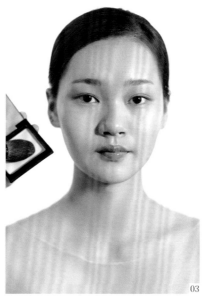

03 用美妆蛋按压底妆，让底妆更加伏贴、均匀，然后用散粉刷蘸取定妆蜜粉进行定妆。

04 选择肉桂色闪片眼影，用晕染刷少量多次地、均匀地从睫毛根部往上晕染上眼睑。

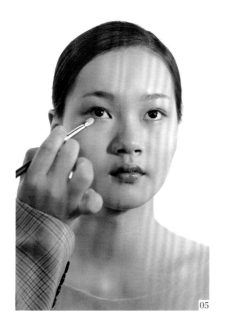
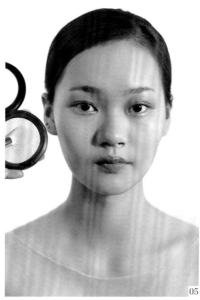

05 下眼睑处用高光粉提亮，然后用肉桂色闪片眼影晕染下眼睑，让眼睛看上去更有神。

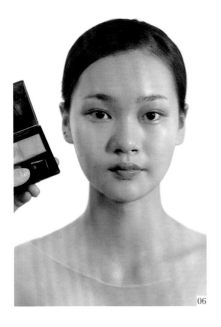

06

07

07

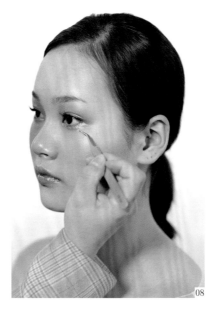

08

06 准备好双色腮红。先将浅色腮红扫在颧骨靠近眼部的位置，然后将深色腮红刷在浅色腮红靠下的位置，注意两种腮红要衔接自然。

07 将睫毛分成3段，依次夹翘并均匀地刷上睫毛膏。将假睫毛单簇贴在真睫毛的下方。

08 在眼睛周围不均匀地贴上大小不同、形状不同的亮片。

09 用螺旋刷将眉毛梳理整齐。选择颜色较浅的眉笔，轻轻地从眉峰处刷至眉尾，来回多次。眉头处用眉刷轻扫两下。然后用眉胶将眉头处梳理整齐。

10 选择一支磨砂质感的梅子色唇釉，涂满唇部，以突出人鱼姬妆感效果。

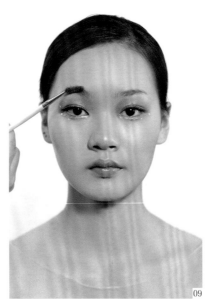

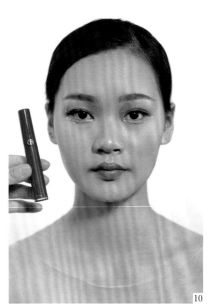

09

09

10

184

散发新娘造型

発型步骤分解

01 将头发分片，用32号卷发棒将头发统一内扣烫卷。

02 将烫好的发卷用定位夹固定，等头发自然冷却。

03 等头发冷却后，取下定位夹，用手指将头发抓散。

04 用气垫梳将头发梳顺，轻轻梳开即可，使头发蓬松。

05 用手指抽出发丝，整理出发型的轮廓，然后喷发胶定型。

06 戴上羽毛发饰。

撞色妆容

化妆品

粉底液、定妆蜜粉、眼影、液体眼线笔、腮红、眉笔、染眉膏、口红。

妆容步骤分解

01 选择一款持久的亚光质地粉底液，用粉底刷刷匀，并用含有一定水分的粉扑拍匀、压实。

02 用定妆蜜粉压实底妆，然后用粉刷轻轻扫掉多余的蜜粉，注意不要让底妆出现油光。

03 挑选一款亚光质地的橙黄色眼影，用晕染刷从外眼角向内眼角晕染。

04 用玫红色液体眼线笔沿着睫毛根部勾勒眼线，并在眼尾处延长。

05 从太阳穴开始晕染一层淡淡的腮红，让腮红与眼影衔接起来。顺着发际线往下至颧骨渐渐加重腮红。

06 用颜色最浅的眉笔由眉峰处开始轻柔地描画眉毛，用螺旋刷蘸取少量粉底液涂匀眉毛，然后用浅色染眉膏定型，这样能突出妆容的色彩层次。

07 挑选一款颜色与眼影同色系的口红，给整个妆面增添一抹亮色。

08 在太阳穴处贴上一些亮片，让整体妆容既时尚又不失温柔。

新娘造型随想

01 将头发梳顺，从发际线附近挑起一层头发备用。将剩余的头发分为前区和后区，前区和后区的头发又分为左右两部分。将前区左侧的头发用两股拧绳的手法编紧。

02 将编好的两股辫绕至头顶，在发尾处固定。

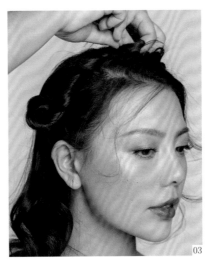

03 前区右侧的头发采用与左侧相同的手法进行处理。

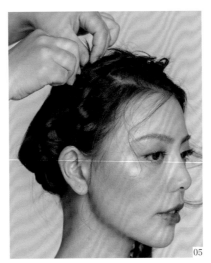

04 将后区右侧的头发梳理整齐，用两股拧绳的手法编成两股辫。

05 将编好的两股辫向上绕起，在发尾处固定。

06

06

07

06 后区左侧的头发采用与右侧相同的手法进行处理。

07 整理前额处的发丝，发尾的方向与发饰延伸出去的角度产生呼应，让发丝与发饰之间产生互动，以增强造型的灵动感。

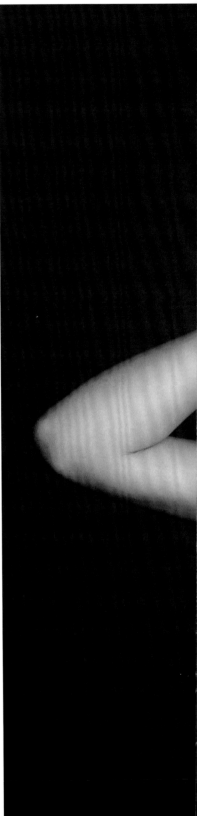